ANATOMIE ET PHYSIOLOGIE

MÉMOIRES DE L'AUTEUR :

De l'assainissement des eaux vannes (en collaboration avec M. L. Krafft). Mémoire couronné par la Société impériale d'encouragement.

De l'assainissement des amphithéâtres d'anatomie. Mémoire approuvé par le conseil de salubrité, la Faculté de médecine, les hôpitaux de Paris, et couronné par l'Académie des sciences.

De l'embaumement. Seul mémoire approuvé par l'Académie de médecine dans le concours des embaumements devant cette société savante.

D'une circulation du sang dérivative dans les membres et dans la tête chez l'homme. Mémoire approuvé par l'Académie de médecine et couronné par l'Académie des sciences.

D'UNE

CIRCULATION DU SANG

SPÉCIALE AU REIN

DES ANIMAUX VERTÉBRÉS MAMMIFÈRES

ET

DE LA SÉCRÉTION DES URINES QU'ELLE Y PRODUIT

PAR

J. P. SUCQUET

Docteur en médecine de la Faculté de Paris,
Lauréat de l'Institut,
Chevalier de la Légion d'honneur.

Provando e riprovando.

PARIS

A. DELAHAYE, LIBRAIRE-ÉDITEUR

PLACE DE L'ÉCOLE-DE-MÉDECINE

1867

CIRCULATION DU SANG

SPÉCIALE AU REIN

DES ANIMAUX VERTÉBRÉS MAMMIFÈRES

INTRODUCTION

Provando e riprovando. Ces deux mots renferment toute une méthode de recherches. Ce fut celle de l'ancienne Académie de Florence, de l'Académie *del Cimento*, académie trop vite disparue pour l'honneur de l'esprit humain. En exigeant pour les faits nouveaux des preuves répétées et d'ordre divers, aucune méthode ne dirige plus sûrement dans les obscurités d'une question inconnue. Telle est encore, malgré des apparences bien coordonnées, la question de la structure du rein et de la formation des urines dans les mammifères. Pour étudier avec fruit cette structure très-délicate et très-compliquée, il faut s'inspirer des rigueurs de la méthode florentine, marcher pas à pas, faire appel aux diverses branches des sciences naturelles et estimer encore que ce n'est pas trop.

Dans l'état actuel de nos connaissances, le rein est, pour les anatomistes, un organe essentiellement formé par des corpuscules (corpuscules de Malpighi) d'où naissent, par des renflements vésiculaires, des conduits qui se rendent après d'innombrables contours dans les origines de l'uretère. A cet élément spécifique des reins il faut ajouter des artères, des veines, des nerfs et des vaisseaux lymphatiques.

Pour les physiologistes, les corpuscules de Malpighi sont les parties du rein qui préparent l'urine avec les matériaux contenus dans le sang, et les conduits qui les suivent sont les canalicules urinifères.

La grande controverse de Ruysch et de Malpighi, controverse qui remplit une partie du XVIIe siècle, paraît enfin terminée à l'avantage de ce dernier.

Mais l'accord des auteurs n'a jamais été complet ni sur les détails, ni sur l'ensemble de cette doctrine, et l'on peut dire qu'elle est toujours à l'étude partout où l'on s'occupe de l'anatomie et de la physiologie du rein. Les recherches de Bowman parurent un instant rallier tous les esprits. Mais les incertitudes reparurent à la suite de la publication d'un mémoire du professeur Henle, et la question attend toujours d'autres juges.

Apportons nos efforts à l'édification de cette œuvre difficile, et, s'il se peut, entrons dans des voies trop inexplorées jusqu'à ce jour. La circulation du sang dans le rein des vertébrés mammifères fournira, je l'espère, le fil conducteur qui devra nous guider. L'histoire de la circulation du sang rénal n'est point faite, et l'on peut juger de son état par le nombre de ses questions ou indécises, ou ignorées encore aujourd'hui. Les artères radiées fournissent-elles d'autres branches que les artères corpusculaires ? Quelle est la structure des glomérules des corpuscules ? Quelle est la nature du vaisseau qui en sort ? D'où viennent les artères droites de la substance médullaire ? D'où vient le réseau des vaisseaux intertubulaires ? Comment les artères communiquent-elles avec les veines ? Y a-t-il des veines dérivatives ? y a-t-il des veines portes ? où et comment sont-elles disposées ? L'histoire de la circulation du sang dans le rein des mammifères renferme cependant la plus grande partie de l'anatomie et de la physiologie de cet organe. Par suite des dispositions très-particulières affectées par ses divers segments artériels et veineux, le système circulatoire est appelé à un rôle nouveau. Tout ce qui concerne la formation dans le sang du produit sécrété, tout ce qui regarde la séparation du sang et de ce produit, lui incombe. Son étude offre donc le plus grand intérêt, et c'est par elle que je commencerai l'anatomie des reins.

Pour procéder à ce travail, il faut choisir de bonnes injections tant pour les artères que pour les veines. Ces injections devront être de couleur différente. Elles seront ensuite froides, très-fluides, transparentes, et devront devenir spontanément solides et cassantes après leur pénétration. Ce concours de propriétés diverses n'est point superflu, car l'une ou l'autre de ces propriétés, à un moment donné, facilite l'injection ou élucide quelque point à l'étude. C'est au mauvais choix des injections, c'est à leur pratique défectueuse que j'attribue l'obscurité persistante dans l'anatomie des reins.

Pour injecter l'artère rénale, j'emploie une dissolution dans l'alcool froid de la poudre de poix noire et très-impure du commerce. Cette dissolution doit être peu concentrée, et pour juger de sa concentration, il faut en laisser tomber une goutte dans l'eau. L'eau blanchit et il se forme à sa surface une pellicule mince de poix. Si cette pellicule était trop épaisse ou trop mince, on ajouterait à la dissolution ou un peu d'alcool, ou un peu de poudre, suivant le cas. Dans cet essai, l'injection est décomposée par l'eau, qui s'empare de l'alcool et met la poix en liberté. Une semblable décomposition a lieu dans les vaisseaux du rein par l'humidité naturelle de leurs parois. La poix, abandonnée dans leur intérieur, y devient solide et cassante. Elle ne contracte d'ailleurs aucune adhérence avec les tissus, aussi longtemps qu'ils restent imprégnés d'humidité.

Il faut injecter l'artère rénale assez lentement, d'une manière soutenue, laisser la veine rénale libre, et ne suspendre l'injection que longtemps après son retour par la veine, sans se préoccuper de l'injection qui s'écoule par ce vaisseau.

Lorsqu'on se propose d'étudier sur un rein ainsi injecté les artères radiées, les corpuscules de Malpighi, leur vaisseau sortant et les veines dérivatives auxquelles il donne naissance, il faut faire subir aux reins une préparation préalable, malheureusement longue. Cette préparation est une macération dans de l'eau conservatrice, macération prolongée jusqu'à ce que la poix de l'injection soit devenue très-cassante, ce qui a lieu lorsque tout l'alcool qui la dissolvait en a été séparé. On prend alors avec les aiguilles à dissection une petite quantité de la substance du rein, et on la porte dans une goutte d'eau placée sur un porte-objet reposant sur un fond blanc et sous la loupe ordinaire. On voit alors les ramuscules des artères radiées, brunâtres et transparents, se terminant dans les corpuscules de Malpighi brunâtres également, demi-transparents et solides. Les artères et les corpuscules se voient très-bien, et contrastent par leur coloration avec les tubes contournés et droits injectés, mais d'un blanc jaunâtre, au milieu desquels ils se trouvent. Ces tubes injectés sont devenus très-friables, et en les touchant délicatement, ils se brisent et se séparent des réseaux vasculaires, qui résistent mieux parce qu'ils sont mieux injectés. On absorbe l'eau et les produits de la dissection avec un petit pinceau de blaireau sans toucher les pièces. On lave avec quelques gouttes d'eau abandonnées doucement avec le pinceau. On absorbe encore, et les pièces bien isolées sont prêtes pour leur étude.

On voit, à ces détails, qu'à de bonnes injections il faut ajouter encore des dissections, soit sous la loupe, soit sous le microscope. La méthode des compressions entre deux lames de verre de tranches minces du tissu rénal est sans doute plus aisée et plus expéditive. Mais dans les injections qui dépassent les veines, injections seules suffisantes, cette méthode est impraticable. Tout est injecté alors, du moins dans la substance corticale du rein, hormis quelques tubes centraux des pyramides de Ferrein. Quelque mince que fût une tranche de tissu, elle ne montrerait que des artères, des veines, des tubes injectés, mêlés, superposés de toute manière, et même finalement opaques. Toute étude sérieuse deviendrait impossible. Par le procédé que j'ai indiqué, on sépare très-nettement des tubes la plus grande partie des vaisseaux, c'est-à-dire tous ceux qui se rattachent à la première circulation du sang rénal, première circulation que j'appellerai préportale, pour la distinguer de la circulation d'une autre partie du sang qui pénètre plus loin dans un système de veines portes particulières, et que je nommerai pour cela circulation portale.

Les instruments de la circulation préportale sont les artères jusqu'aux corpuscules malpighiens, ces corpuscules eux-mêmes; leurs artères sortantes; les réseaux partiels qu'elles constituent; le réseau général artériel qui résulte de ces réseaux partiels anastomosés; et enfin les veines dérivatives qui communiquent directement avec ce réseau artériel et qui emportent une portion de son sang.

PREMIÈRE PARTIE

ANATOMIE.

Des vaisseaux de la circulation préportale du sang rénal.

Les artères émulgentes qui apportent le sang aux reins sont très-volumineuses. Elles pénètrent le rein par son hile, se divisent en branches divergentes comme les rayons d'un éventail, traversent la substance médullaire, et forment entre cette substance et la substance corticale un vaste réseau anastomosé auquel on a donné le nom de voûte artérielle du rein. Cette voûte reproduit la forme générale de l'organe. Au-dessous d'elle se trouve le cône formé par la substance médullaire ; au-dessus est placée la substance corticale. Jusque-là il n'y a point de divergence parmi les auteurs ; aussi ai-je dû esquisser à grands traits ces dispositions générales, renvoyant aux traités récents d'anatomie ceux que des détails plus précis pourraient intéresser.

Avant d'aller plus loin, je ferai remarquer cette première particularité du système artériel du rein. Voici des artères qui, arrivées à un point de leur trajet, au lieu de continuer leur marche, s'anastomosent entre elles et forment une grand réseau général. Pourquoi cela? Je ne sais point encore. Mais si cette disposition peut favoriser la distribution du sang à la périphérie du rein, elle me paraît aussi de nature à retarder son cours, malgré sa grande affluence. Quel est le véritable but de cette fusion artérielle? L'un et l'autre peut-être.

De la convexité de la voûte artérielle du rein partent d'innombrables artères régulièrement espacées qui gagnent, comme autant de rayons, la surface externe de l'organe. Ce sont les artères radiées. Ces artères fournissent, en s'éloignant, des ramuscules nombreux qui, sans ramifications, se plongent brusquement dans les corpuscules de Malpighi (fig. 1). Dans son *Traité d'anatomie*, traité le plus récent de tous et dont nous aurons, pour cela, l'occasion de parler plus souvent, M. Sappey pense que les artères radiées fournissent un grand nombre de ramuscules plus petits que les artères corpusculaires, et que ces ramuscules se répandent entre les tubes. Cela n'est point exact : tous les rameaux des artères radiées se distribuent uniquement aux corpuscules malpighiens, et le réseau intertubulaire vient d'ailleurs, comme nous le verrons bientôt.

Des corpuscules de Malpighi.

Dans un rein frais, les corpuscules de Malpighi se présentent comme des vésicules transparentes, peu ou point visibles à l'œil nu, et renfermant à peine quelques traces de sang. A cet état, ils sont très-difficiles à étudier dans leur composition. L'injection précédente et leur sépara-

tion des autres parties du rein enlèvent cette difficulté et
rendent leur dissection facile. Ils s'offrent alors à l'extrémité des ramuscules des artères radiées comme de petites
sphères à surface mûriforme. Le volume de ces sphérules
n'est point absolument le même pour toutes. Si l'on com-
pare les corpuscules de la figure 1 avec celui de la figure 9, vus à peu près sous le même grossissement de
35 à 37 pour 100, on restera convaincu qu'il n'est point
exact de dire, comme on le fait aujourd'hui, que les corpuscules de Malpighi ont partout la même grosseur.
Ceux des environs de la substance médullaire sont plus
volumineux que ceux des autres parties de la substance
corticale, et il peut y avoir entre eux des différences
de volume de 50 pour 100, comme on vient de le
constater.

Les corpuscules malpighiens sont formés par une capsule et par un glomérule vasculaire renfermé dans sa
cavité.

De la capsule des corpuscules de Malpighi.

Préparation. — Sur un rein injecté et macéré comme
je l'ai dit plus haut, on prend une petite portion de la
substance corticale dans le voisinage de la substance médullaire. On sépare et on lave à la loupe quelques corpuscules, en choisissant de préférence ceux qui portent
encore leurs vaisseaux et une portion du tube contourné
injecté qui adhère à leur surface, et on les porte sous le
microscope, sous un grossissement de 45 à 50 pour 100.
On prend alors avec les aiguilles un de ces corpuscules;
on le presse, tantôt dans un sens, tantôt dans un autre ,

et l'on voit la capsule se fragmenter. On peut même la détacher presque en entier du glomérule qu'elle recouvrait.

Elle se présente alors comme une coque vide, résistante, d'une couleur ambrée, transparente, et portant à sa surface l'origine déliée d'un tube contourné injecté (fig. 2). On croit aujourd'hui que ces capsules sont le commencement renflé des tubes contournés qui en partent, de sorte que la cavité de la capsule et celle des tubes seraient en communication, la capsule et les tubes formant un seul et même canal. Cette opinion a été combattue par des anatomistes très-éminents, qui regardaient les tubes contournés comme accolés par leurs extrémités à la capsule, mais comme distincts d'elle et sans communication avec son intérieur. Je pense que des injections opaques ont fait abandonner cette manière de voir. Ces injections *f* ont des corpuscules et des tubes un tout indistinct, et les tubes qui ne sont que contigus paraissent alors être continus. L'injection des tubes est alors attribuée à quelque rupture du glomérule, et cette injection serait, dit-on, passée de la cavité de la capsule dans celle des tubes. Ces apparences font défaut avec les injections transparentes et sur des capsules détachées du glomérule. On voit sur la figure 2 le tube contourné finir en pointe sur la capsule. On ne peut pas dire ici que l'injection du tube provienne de la rupture du glomérule et de la cavité de la capsule. Tube et capsule devraient être pleins alors, tandis que la capsule est vide et que le tube, à son insertion, n'offre qu'un trait aigu d'injection. On distingue encore cette extrémité déliée sur un corpuscule entier représenté figure 3. Sur celui de la figure 4, injecté par les veines, la juxtaposition du tube et du corpuscule est encore plus manifeste. Dans ces deux cas, avec des injections opaques, tubes et corpuscules seraient confondus, et les tubes sembleraient se dilater pour former les capsules. Mais d'où vient alors l'injection du tube? Ce n'est pas ici le lieu de le rechercher. Nous n'avons à nous occuper en ce moment que des capsules corpusculaires et de leurs rapports avec les tubes contournés.

Les capsules offrent sur leur surface externe des artérioles passées inaperçues jusqu'à ce jour (fig. 5). Pour voir distinctement ces vaisseaux délicats, il faut choisir des injections incomplètes, car, autrement, ces artérioles couvrent la capsule, et leurs branchages deviennent confus. Il est même probable que dans les injections très-soutenues, le liquide transpire hors des vaisseaux et imbibe les parois capsulaires. J'ai fait des efforts inutiles pour savoir d'où venaient ces artérioles. J'incline à penser cependant qu'elles sont fournies par l'artère émergente à son passage au collet de la capsule. Elles s'irradient et se dirigent vers le pôle opposé du corpuscule, c'est-à-dire vers le point d'insertion des tubes contournés.

La plupart des auteurs décrivent sur la surface interne de la capsule, et même à la surface du glomérule, surtout en face du point où s'attache le tube contourné, une couche de cellules épithéliales. Bien que les caractères histologiques des vaisseaux soient connus, je me demande si ces ramifications vasculaires vides, éparses sur la capsule et accumulées sur le point où l'on signale particulièrement l'épithélium, n'ont point fait illusion?

Avec l'idée préconçue que la capsule et le tube contourné sont l'origine d'un canalicule urinifère, que les canaux excréteurs sont revêtus d'épithélium, pour peu qu'il en existe quelque apparence, l'examen peut être resté trop superficiel. Je n'ai jamais aperçu de véritable épithélium sur les capsules détachées des corpuscules frais et sans injection. Je dois ajouter, pour être vrai, que je n'ai pas vu davantage les vaisseaux vides qu'elles portent et qui pourraient peut-être faire croire à l'existence d'un épithélium.

Quoi qu'il en soit, la capsule des corpuscules malpighiens doit être regardée comme une vésicule close, sans communication avec le tube contourné dont l'extrémité lui est seulement adhérente. Cette vésicule porte à la surface externe des ramifications vasculaires qui attachent le tube en passant de l'une à l'autre, et la surface interne n'offre point de revêtement épithélial. Elle me paraît avoir pour but de soutenir le glomérule vasculaire qu'elle renferme pendant les dilatations que les crues du sang rénal peuvent lui faire subir.

Du glomérule des corpuscules de Malpighi.

Préparation. — On prend quelques corpuscules isolés et portant encore leurs vaisseaux. On les place sur un porte-objet avec une goutte d'eau, et on les porte sous le microscope. Avec les aiguilles, on met à l'écart celui qu'on veut disséquer. On le presse doucement dans tous les sens, jusqu'à ce qu'il se fragmente de lui-même en cinq ou six portions.

Ces fragments restent quelquefois attachés, soit à l'artère entrante, soit à l'artère sortante, et leur transparence permet d'étudier leur mode de composition.

L'artère afférente se partage en cinq ou six divisions
(fig. 6). Chacune de ces divisions et ses branches,
au lieu de s'étaler, se plient et se replient contre
elles-mêmes, et reproduisent bientôt des branches, toujours repliées, et enfin une division plus grosse qui se
jette dans le tronc de l'artère émergente (fig. 7). Chaque
division de l'artère immergée se comportant de cette
manière, il s'ensuit que cette artère se décompose d'a-
bord et se recompose ensuite dans le glomérule pour
ressortir sous la forme de l'artère efférente. Avant leur
dissection, ces branchages distincts étaient ramassés les
uns contre les autres, de manière à former un ensemble
sphérique occupant le moins de place possible.

Aucune préparation connue des glomérules n'en a
donné jusqu'ici une idée aussi nette et aussi complète.
J'ai vu dans le cabinet d'un savant histologiste une préparation de glomérule. On pouvait y prendre l'idée d'une
division de l'artère entrante en arcades se rendant dans
l'artère sortante. Mais la véritable constitution des branchages distincts décroissants d'abord, recroissants ensuite, pliés et repliés contre eux-mêmes, ne pouvait y être
constatée, à cause de la confusion que la totalité des vaisseaux les uns sur les autres laissait subsister. La frag-
mentation des glomérules en portions transparentes jette
sur la disposition des vaisseaux un jour nouveau et complet. Il n'est pas sans intérêt d'apprendre qu'il y a pour
chaque division de l'artère afférente une suite de branchages tortueux auxquels succèdent des branchages repliés jusqu'au troncule qui s'insère sur l'artère sortante.
Cela donne une bonne idée de la marche du sang dans
les glomérules. Nous avons vu plus haut les artères rénales
se diviser, former à la voûte du rein un grand réseau et

en sortir sous la forme d'artères radiées. Voici maintenant ces artères radiées se divisant elles-mêmes, et chacun de leurs ramuscules formant dans les glomérules un nouveau réseau, d'où elles sortent à leur tour sous la forme d'artères émergentes. C'est la seconde fois que le sang rénal traverse des réseaux artériels disposés sur son passage. Il y est nécessairement ralenti dans sa marche, et les vaisseaux des glomérules corpusculaires, pliés et repliés contre eux-mêmes, deviennent ainsi la seconde étape du ralentissement du sang rénal.

Un certain nombre d'anatomistes se rattachent encore à la pensée malheureuse de Malpighi sur la nature glandulaire des corpuscules auxquels il a donné son nom. Bien que les adhérents à cette doctrine deviennent tous les jours plus rares, M. Sappey adopte encore dans son traité cette erreur presque universellement reconnue. Il convient donc d'insister, et de dire que la constitution, aujourd'hui sans voiles, des glomérules malpighiens, ne laisse plus de place à l'existence d'une substance glandulaire.

De l'artère sortante des corpuscules de Malpighi.

Il faut prendre sur des reins injectés et macérés, comme je l'ai dit plus haut, des fragments de substance corticale, et avec un porte-objet, on les place dans une goutte d'eau sous le microscope. Là on brise avec les aiguilles et sans tiraillement les tubes rénaux devenus friables, et qui résistent moins que les vaisseaux mieux injectés. On lave ensuite les débris de la dissection jusqu'à ce que les réseaux vasculaires soient bien isolés et bien nets.

La forme de l'artère sortante des corpuscules de Malpighi est très-différente suivant la forme des tubes du rein entre lesquels elle se distribue. Aux environs de la substance médullaire, elle descend vers les papilles, et après avoir donné quelques ramuscules contournés et déliés près de son origine, elle se divise, et ses divisions, placées à côté les unes des autres, forment un pinceau rectiligne et décroissant peu à peu de volume à mesure qu'il envoie des ramuscules transversaux entre les tubes droits de la substance médullaire. La figure 8 offre une de ces artères sortantes dont le pinceau est étalé.

M. Sappey fait provenir les artères droites de la partie inférieure de la voûte artérielle du rein. Cette opinion n'est point fondée. La plus grande partie de ces vaisseaux est constituée par les artères sortantes des corpuscules au voisinage de la substance médullaire. Il n'y a que de très-rares exemples d'artères radiées donnant dans ce point des ramuscules sans glomérules, et fournissant des appoints aux pinceaux droits des artères sortantes des corpuscules. Je mets sous les yeux un exemple de cette disposition dans la figure 9. Ce point d'anatomie est resté jusqu'à ce jour dans l'obscurité. Les injections avaient été insuffisantes. Je ne connais de l'artère sortante des corpuscules près de la substance médullaire qu'une représentation chétive reproduite par Kölliker sur les dessins de Bowman. Cette injection ne pouvait donner une idée du faisceau abondant d'artères droites en lequel se divise l'artère sortante des corpuscules malpighiens des environs de la voûte.

Dans toutes les autres parties de la substance corticale du rein, l'artère sortante des corpuscules forme des branchages contournés, comme les tubes rénaux entre lesquels elle se distribue, et envoie enfin des rameaux droits entre les tubes droits corticaux. Elle donne ainsi naissance à un réseau espacé et tortueux d'abord, dont on voit des exemples dans la figure 10. Ces réseaux partiels et voisins s'anastomosent largement entre eux (fig. 10).

Si, après avoir vu les réseaux émanés de ces deux corpuscules, on réfléchit au nombre prodigieux des corpuscules du rein et au nombre des réseaux constitués par leurs artères sortantes, on sera étonné de l'immense réseau général d'artères qui résulte de leur ensemble. Jusqu'à ce jour aucune injection ne pouvait suggérer la pensée d'un tel lacis artériel. J'ai vu dans les cabinets de deux savants anatomistes des injections d'artères sortantes pratiquées à Paris ou venues de l'Allemagne. Mais les branchages de ces injections étaient incomplets, car ils étaient isolés les uns des autres, et aucun d'eux ne se reliait à ses voisins par ses anastomoses. L'histoire de la circulation du sang rénal, incomplète ou souvent erronée, comme nous l'avons vu, jusqu'aux premières divisions de l'artère sortante des corpuscules, s'y arrête donc brusquement. Au delà tout devient, ou de plus en plus confus, ou absolument ignoré. La nature de l'artère sortante elle-même est déjà un point obscur, et le plus grand nombre des auteurs considère ce vaisseau comme une veine. Cette prétendue veine est cependant plus petite que l'artère qui lui correspond, ce qui est le contraire des veines plus volumineuses que les artères correspondantes. Cette prétendue veine donne, après sa sortie, des rameaux décroissants tandis que les veines forment, en s'éloignant, de grosses branches et des troncs; d'un autre côté, les auteurs qui l'appellent veine dans la substance corticale, la nomment artère droite dans la substance médullaire. Ajoutons aussi qu'elle communique avec l'origine des veines dérivatives, et il ne restera aucun doute sur l'artérialité du vaisseau sortant des corpuscules malpighiens.

J'ai appelé tout à l'heure l'attention sur le réseau général que ces artères anastomosées forment entre elles. Mais cette vue est encore bien loin de donner une idée de l'état de ces artères. J'ai dû, en effet, choisir le sujet de cette figure sur les reins incomplétement injectés, afin de le rendre représentable. Mais je dois aussi cependant mettre sous les yeux une partie de ce réseau artériel bien injecté. Rien n'est mieux fait pour faire comprendre la marche du sang dans le rein. La figure 11 représente une branche d'une artère sortante d'un corpuscule. Dans l'inextricable plexus que le talent de l'artiste a pu seul reproduire, l'artère perd ses caractères, et l'on se demande comment le sang peut se mouvoir dans des conduits aussi bizarrement compliqués. Mais si déjà le sang rénal a trouvé sur sa route le réseau artériel de la voûte, les réseaux artériels des glomérules, il trouve ici un réseau artériel sans analogue, où son ralentissement doit s'accroître considérablement. Ce n'est pas ici le lieu de demander quel est le but de ces ralentissements successifs opérés par les réseaux formés sur le trajet des artères. Mais toute l'activité fonctionnelle du rein étant aujourd'hui concentrée dans les corpuscules de Malpighi, on peut demander à quoi sert tout le sang qui circule ensuite dans ce grand réseau de leurs artères sortantes?

De la terminaison des artères sortantes des corpuscules de Malpighi à des veines dérivatives.

Si l'on examine la figure 12 et qu'on suive les branches du réseau formé par l'artère sortante du corpuscule qui s'y trouve représenté, on arrivera en A et en B sur deux confluents d'où partent les principales origines des veines C, D, E. Ces veines sont reconnaissables à leur direction, et surtout aux branches transversales qui rattachent leurs principaux troncs. Dans la substance médullaire, les artères droites, rameaux de l'artère sortante des corpuscules, comme nous l'avons vu plus haut, se contournent à l'extrémité de leur parcours en anses simples ou avec crochet, et reviennent en veines (fig. 13). Cette disposition est confirmée par la forme en anses de l'extrémité des veines de cette région, forme représentée dans la figure 14, d'après des veines médullaires injectées.

Les artères sortantes des corpuscules, soit dans la partie corticale, soit dans la partie médullaire des reins, communiquent donc avec un premier ordre de veines qui s'abouchent avec elles directement et abondamment. Ces veines doivent donc emporter un sang artériel, et nous expliquent pourquoi le sang veineux du rein offre la rutilance permanente du sang des artères, rutilance signalée pour la première fois par M. Cl. Bernard. Au point de vue de leur fonction, ces veines sont dérivatives, car elles emportent le trop-plein du réseau artériel, trop-plein qui a d'autres issues, mais des issues bien plus étroites et plus éloignées. Ces veines ralentissent encore la marche ultérieure du sang, car en dérivant le trop-plein, elles diminuent le *vis à tergo* de la circulation sur le trajet encore à parcourir.

Plus le sang approche des canaux circulatoires où s'accomplira définitivement la partie la plus essentielle de la fonction urinaire, plus il se ralentit, plus il soustrait sa marche aux influences instables de la circulation générale du rein. Les veines dérivatives sont les instruments qui assurent le calme et la régularité des actes qui vont désormais transformer une partie du sang rénal.

De la terminaison des artères sortantes des corpuscules de Malpighi à des veines portes.

L'étude de la circulation portale du rein est plus facile que celle de cette autre circulation dont nous venons de suivre pas à pas le trajet. Les préparations qu'elle exige ne demandent que quelques heures.

Il faut avoir sous la main deux injections : une pour l'artère rénale, c'est la solution alcoolique de poix employée jusqu'ici ; une pour la veine émulgente, c'est la solution que nous allons indiquer.

On prend du sang-dragon en bâtons, on le réduit en poudre fine, et on le fait dissoudre dans de l'alcool froid. Cette dissolution doit être légère comme la précédente et essayée de la même manière qu'elle avant son emploi.

On injecte alors un rein frais par son artère avec la solution jaune de poix, en laissant la veine libre. Immédiatement après, on injecte ce même rein par cette veine avec la dissolution rouge de sang-dragon.

Quelques heures après, on divise le rein en deux parties suivant sa longueur ; on détache, sous la loupe, avec les aiguilles à dissection et une à une, quelques pyramides de Ferrein avec leurs vaisseaux collatéraux, et on les fait macérer pendant cinq à six heures dans une petite quantité d'acide hydrochlorique ordinaire. Cette macération a pour effet de rendre friables les vaisseaux qui rattachent entre eux les tubes contournés et certains tubes droits des reins, et de faciliter leur dissection ultérieure. Un plus long séjour dans cet acide altérerait la couleur du sang-dragon.

On prend alors une de ces pyramides, on la lave avec quelques gouttes d'eau pour entraîner l'acide qu'elle contenait, et on la dissèque sous le microscope. On sépare les tubes les mieux injectés et portant encore des fragments des réseaux vasculaires déchirés par la séparation des tubes, et on les laisse sécher à l'air libre, sous un verre de montre. Au bout de quelques minutes ils sont secs. On les entoure d'un cercle de cire fondue sur lequel on place et l'on fixe un couvre-objet en fermant les issues avec de la cire fondue. Ces pièces incorruptibles ont besoin seulement d'être protégées contre la poussière et les frottements.

La dessiccation des tubes contournés ou droits qui ont reçu l'injection offre des avantages qu'il était bon de rechercher. Elle fait apparaître la différence de couleur des deux injections, et rend ainsi leur distribution respective dans les tubes plus facile à saisir. Elle détruit certaines objections contre la réalité de l'injection des tubes. Des liquides divers et l'acide hydrochlorique dans lequel les pyramides ont macéré, donnent en effet aux tubes rénaux non injectés une opacité qui les rapproche, quant à l'aspect, des tubes injectés. La dessiccation fait évanouir cette ressemblance. Les tubes non injectés se ratatinent et perdent leur volume, tandis que les tubes injectés conservent leur grosseur et leur forme. On obtient enfin un autre résultat par la dessiccation des tubes. Il se forme, sur ces canalicules conservés humides, des cristaux d'urate de soude dont on voit un exemple fig. 14. Ces cristaux ne se produisent pas sur les tubes desséchés, et leur absence rend leur étude plus nette et plus sûre.

On obtient dans la dissection des pyramides de Ferrein des tubes contournés bien pleins, offrant sur leur trajet des bosselures arrondies ou des angles plus ou moins saillants (fig. 15). Quelques-uns de ces tubes sont d'une couleur jaune transparente, c'est-à-dire qu'ils ont été injectés par les artères (fig. 16).

Ruysch injectait autrefois également les tubes contournés par l'artère rénale, et il fondait sur cette injection la lutte qu'il soutint contre les opinions de Malpighi. Mais Ruysch ne savait pas et ne montrait pas comment cette injection artérielle entrait naturellement dans ces tubes. Le microscope fit défaut à ses injections. Ruysch succomba.

J'ai renouvelé les faits de l'anatomiste hollandais, et j'ajoute en plus à ces faits l'injection des tubes contournés par la veine rénale. On trouve en effet dans la pyramide de Ferrein qui a été disséquée des tubes remplis de l'injection rougeâtre de sang-dragon (fig. 17). Mais comment enfin ces deux injections ont-elles pénétré les tubes contournés? Ces tubes portent sur leur trajet des racines irrégulièrement disséminées, qui, simples ou divisées ensuite en radicelles, se mêlent aux réseaux des vaisseaux intertubulaires et communiquent avec ces réseaux dont elles reçoivent l'injection (fig. 18). Il n'est pas exact de dire que les artères sortantes des corpuscules qui forment ces réseaux se répandent ensuite sur les parois des tubes.

Les réseaux artériels ne vont pas aux tubes. Ils se terminent entre eux. Ce sont les racines des tubes qui vont aux réseaux avec lesquels elles s'abouchent.

Voici donc un nouvel ordre de canaux qui reçoivent le sang des artères par des radicelles nées à leur surface. Comment le sang va-t-il en sortir? Si l'on examine sur leur longueur les tubes contournés qui ont été détachés de la pyramide, on en trouve qui sont alternativement rougeâtres ou d'un jaune clair, et si l'on cherche parmi ceux qui sont moins injectés, on en trouve qui offrent tour à tour dans leur intérieur les deux injections intercalées plusieurs fois de suite (fig. 18). Cette distribution intermittente des deux injections dans un même tube indique qu'elles y ont été introduites par des racines artérielles laissant entre leurs injections des vides, et par des racines veineuses injectées plus tard et venant remplir les vides laissés sans injection. Cette intermittence des deux injections montre que les racines artérielles et veineuses sont entremêlées. Enfin elle éloigne la pensée de l'injection des tubes par des ruptures de vaisseaux. Le hasard ne ferait point succéder ainsi régulièrement les ruptures, pour verser par celle-ci une injection artérielle, par celle-là une injection veineuse, et ainsi de suite plusieurs fois sur un parcours très-limité.

Des canaux qui par des racines afférentes reçoivent le sang des artères, et qui par des racines efférentes le renvoient dans les veines, sont des veines portes.

Assurément ces veines portes rénales s'éloignent des veines portes connues. Elles portent des racines artérielles et veineuses entremêlées, de manière que le sang entré sur tout leur parcours n'a pas de cours direct proprement dit, c'est-à-dire allant d'un point à un autre. Entré sur tout leur trajet, il en sort également sur tout leur trajet. Aussi ces veines n'ont-elles pas un commencement et une fin appréciables par leur calibre.

Des faits analogues se rencontrent dans certains tubes droits des pyramides de Ferrein, et l'on retrouve dans leur intérieur les deux injections (fig. 19).

Certains tubes droits de la substance médullaire s'injectent également par les artères (fig. 20), moins bien cependant que les tubes corticaux, et je n'ai jamais encore pu réussir à les injecter par les veines.

Les racines émergentes de ces veines portes constituent un réseau veineux postportal qui se rattache promptement aux veines dérivatives préportales, et ces deux sections veineuses forment ainsi les origines générales de la veine émulgente.

Du contenu des veines portes du rein.

Arrêtons-nous un instant et changeons de voie. Oublions pour le moment tout ce que nous venons de dire sur les dispositions anatomiques de ces veines portes et sur leurs injections artérielles et veineuses. Établissons par un nouvel ordre de faits la nature vasculaire de ces canaux regardés comme les canalicules de l'urine.

Tous les auteurs s'accordent pour reconnaître, sur les canaux contournés et droits que nous venons d'étudier, une couche d'épithélium variable de forme, pavimenteux ici, granulaire ailleurs, et tapissant leurs parois internes. La figure 2, dans laquelle on voit l'injection centrale d'un de ces canaux séparée des parois par une couche épaisse sans injection, donne très-exactement une idée de ces tubes urinifères avec leur canal central et leur revêtement épithélial. Si l'on examine un pareil tube à l'état frais, on voit, en effet, des cellules dans ce revêtement.

J'accorde tout cela ; mais cela doit recevoir une autre interprétation.

D'abord, lorsqu'on étudie les tubes d'un rein frais, on en trouve assez souvent qui ne sont représentés que par des parois hyalines. Où est alors le revêtement épithélial ? D'autres, au contraire, sont pleins. Où est alors le canal central ?

Mais entrons vite plus avant dans la question. Kölliker dit que les tubes droits contiennent une substance transparente. Il n'ajoute rien, il est vrai, à son observation. Purkinje dit aussi que le rein contient une substance comparable à celle du cristallin. Comme Kölliker, Purkinje passe outre immédiatement. Mais, enfin, quelle est la substance transparente signalée par des observateurs de ce mérite ? Existe-t-elle réellement, et, si elle existe, quelle est sa nature et quel est son rôle dans l'ordre des idées reçues ?

Les auteurs sont muets sur ces points.

Elle existe pourtant, et, en étudiant le rein frais, je la rencontrai accidentellement et sans avoir alors connaissance des brèves annotations de Kölliker et de Purkinje. Chacun peut la retrouver dans le rein à tout instant et sans préparation aucune.

Étudions et sa nature et sa provenance.

On prend sur un rein frais un petit groupe de tubes contournés ou droits, et, après l'avoir placé dans une goutte d'eau sur un porte-objet, on le porte sous le microscope. Avec le plat des aiguilles à dissection, on le presse comme pour vider les tubes, et l'on en voit sortir une substance ayant la forme de cylindres contournés ou droits, suivant la forme des tubes qui les fournit (fig. 21). Cette substance est demi-solide, transparente, et montre dans son intérieur des cellules plus ou moins arrondies, brillantes, sans noyau et irrégulièrement disséminées (fig. 22). Ces cellules n'ont point la disposition engrenée les unes dans les autres qu'on voit sur l'épithélium des tubes urinifères (fig. 23). Cette substance, demi-solide et transparente, reste inaperçue dans les tubes ; ses cellules, seules visibles, fixent seules l'attention. Quelle est cette substance ? Ce n'est point de l'albumine : l'état normal de l'albumine est l'état liquide. Est-ce de la fibrine ? La fibrine, en effet, pourrait se coaguler spontanément après la mort ; mais F. Simons nous apprend que la fibrine n'existe pas dans le sang rénal. D'ailleurs, la fibrine coagulée est insoluble dans l'eau, tandis que cette substance se dissout dans ce liquide. En effet, si l'on abandonne dans l'eau les cylindres qu'elle forme, ils se désagrégent, et, après quelques heures, il ne reste que les cellules devenues libres. Si l'on prend l'eau dans laquelle ces cylindres ont disparu, et qu'on y ajoute un peu d'alcool rectifié, il ne se produit aucun précipité, si la dissolution est assez étendue ; mais si l'on porte cette dissolution étendue sur la flamme de la lampe à esprit-de-vin, des flocons blancs se précipitent, et quelques bulles de vapeur d'eau se dégagent presque immédiatement après cette coagulation. Ce traitement s'exécute sur le porte-objet et dans les quelques gouttes d'eau où les tubes ont été vidés.

Parmi les principes élémentaires du corps des animaux, il n'y en a qu'un qui réunisse ces caractères d'être une substance transparente, demi-solide, soluble dans l'eau, précipitable de ses dissolutions étendues par la chaleur au voisinage du point d'ébullition de l'eau et insensible dans ces mêmes dissolutions à l'action de l'alcool concentré : ce principe est la globuline. La globuline ne se trouve que dans les globules sanguins qu'elle constitue pour la plus grande partie, l'autre partie étant formée par de l'hématosine, de la graisse et des sels. J'ai vainement cherché à établir mon opinion sur la nature des cellules mêlées à la globuline, soit avec le secours de l'éther ou de la potasse. Sont-ce des globules graisseux? sont-ce des globules sanguins décolorés et altérés? Je l'ignore encore. Si l'on veut obtenir une plus grande quantité de globuline, il faut réduire en pulpe la substance corticale, et la traiter ensuite par le même procédé.

La présence de la globuline dans des tubes regardés comme des tubes urinifères n'est point faite pour consolider cette opinion. La globuline est un des éléments du sang, et les canaux qui la renferment sont des vaisseaux et non des canaux de l'urine. Nous voilà conduits de nouveau, et par une voie différente, aux conclusions que les injections avaient déjà fait adopter.

La globuline, insoluble dans le sérum sanguin chargé d'albumine et de chlorure de sodium, est délaissée après la mort par ce sérum qui transpire à travers les parois vasculaires ; elle a pu former alors peu à peu sur ces parois internes une couche, laisser libre le centre du vaisseau, et simuler ainsi avec ses cellules un revêtement épithélial et un canal central. Suivant qu'elle s'accumulait après la mort sur un point du trajet des vaisseaux, elle a pu également remplir leur calibre, ou laisser voir leurs parois hyalines.

Mais oublions une seconde fois ce que nous venons de voir, et prenons de nouveau un autre chemin.

Si l'on fait périr un chat par la destruction du bulbe rachidien à la suite de la luxation des premières vertèbres cervicales, il succombe à une asphyxie lente. On laisse l'animal abandonné à lui-même jusqu'à ce que la rigidité cadavérique soit bien apparue. On pratique alors son autopsie, et l'on trouve les veines abdominales, les veines émulgentes, et les veines périrénales particulières à cet animal, pleines d'un sang noir et coagulé. On détache les reins avec soin, on les coupe en deux portions, et on les plonge pendant vingt-quatre heures dans une solution de chlorure de zinc à 10 degrés, afin de solidifier sur place tout ce qui se trouve dans les canaux du rein. Si l'on examine alors une tranche mince de tissu rénal comprimé entre deux lames de verre, on voit dans l'intérieur des tubes contournés une substance brunâtre, pulvérulente, amorphe, irrégulièrement disséminée dans leur intérieur (fig. 24). Quelle est cette substance, dont la couleur s'éloigne si complétement de la transparence ordinaire du contenu de ces canaux? Lorsqu'on écrase entre deux plaques de verre une petite portion de la substance corticale, et qu'on la laisse sécher pour la traiter ensuite par l'éther, ce liquide dissout très-lentement la substance pulvérulente contenue dans les tubes, mais, au bout de quelques jours, elle disparaît.

Parmi les éléments anatomiques, un seul réunit les caractères physiques et chimiques dont nous venons de parler, c'est l'hématosine. L'hématosine ne se trouve que dans le sang, dont elle est la matière colorante.

Voici donc des tubes regardés comme des tubes urinifères, qui renferment maintenant un autre principe du sang. Ils offraient tout à l'heure sa globuline transparente; ils offrent cette fois son hématosine colorée.

Mais des canaux renfermant de l'hématosine rentrée naturellement des veines dans leur intérieur doivent communiquer naturellement avec ces veines. Mais des canaux communiquant naturellement avec les veines, et renfermant de l'hématosine, ne sont point des tubes urinifères, ce sont des vaisseaux.

Nous sommes conduits une troisième fois, et par des routes très-diverses, à la même conclusion.

Les tubes contournés et certains tubes droits des reins, injectables par les artères, injectables par les veines, contenant à l'état frais de la globuline, renfermant de l'hématosine à la suite de la mort par la destruction du bulbe rachidien, sont des vaisseaux. L'anatomie ajoute que ce sont des veines et des veines portes.

Mais si l'étude du contenu des veines portes du rein a confirmé à sa manière leur nature vasculaire, cette étude a mis en relief un fait nouveau et de la plus haute importance. La globuline contenue dans les veines portes ne peut y avoir été isolée que par la décomposition des globules sanguins, par la destruction de leur hématosine et par la décoloration du sang qui les avait pénétrés. Ces déductions sont logiques, et j'ajoute qu'elles sont légitimes. Elles ont, en effet, leur contre-épreuve dans la présence de l'hématosine dans les veines portes, à la suite de la mort par la lésion du bulbe rachidien. Nous assistons, dans ce cas, à la décomposition des globules sanguins et à l'isolement de leur hématosine. Elle n'est pas encore détruite, mais elle est déjà séparée.

Des faits de cette gravité ne sauraient être entourés de trop de garanties. Si le sang est décoloré dans les veines portes du rein et leur hématosine métamorphosée, leur globuline doit rentrer sans doute dans la circulation générale. La présence de la globuline dans le sang des veines émulgentes n'a jamais été signalé par personne, et j'ai le regret d'être en ce moment dans l'impossibilité personnelle de l'y rechercher. Mais j'apporterai cependant une contribution immédiate à cette opinion. Sur les chats morts comme nous l'avons dit, on peut examiner le contenu des veines profondes du rein.

Dans le rein de cet animal, ces veines sont plus distinctes que dans tout autre rein, car une partie des origines veineuses émergent de l'intérieur à la surface de l'organe, et forment des veines périrénales qui emportent plus particulièrement le sang rouge de cet organe. Si l'on examine les veines profondes plus immédiatement en rapport avec les veines portes, on les trouve décolorées (fig. 25). Si l'on ouvre ces veines profondes à leur passage dans la substance médullaire, on en retire des coagulums rougeâtres seulement ou même dans quelques-unes complétement blancs (fig. 26). Le sang qui était dans ces veines était donc un sang décoloré, bien qu'il fût déjà éloigné du point où cette décoloration avait été produite.

La décoloration du sang dans les veines portes du rein explique pourquoi ces veines ont été si longtemps méconnues. Elle est une des causes de la rutilance déjà signalée du sang veineux rénal. Les veines dérivatives préportales emportent, avons-nous dit, un sang artérialisé. Nous voyons ici que les veines postportales ne mêlent à ce sang qu'un plasma incolore et incapable d'assombrir sa rutilance par sa vénosité.

La circulation du sang élargit le cadre trop étroit où

Harvey l'avait circonscrite. Ce n'est plus du sang noir qui circule toujours dansles segments veineux. J'ai montré, dans un autre travail, des veines dérivatives parcourues par un sang tantôt artériel, tantôt veineux. Voici d'autres veines dérivatives à sang exclusivement rouge, puis des veines portes métamorphosantes du liquide qui les traverse, et enfin des veines rapportant un sang incolore rappelant le sang des invertébrés.

Avant de quitter l'étude des veines portes du rein, jetons enfin un coup d'œil rapide sur le grand ordre des animaux vertébrés mammifères. Dans ses embranchements inférieurs, dans les poissons, les batraciens, les reptiles et les oiseaux, les corps de Wolf et les reins définitifs reçoivent un système de veines portes connues sous le nom de système de Jacobson. Ces veines, nées des artères cardinales, hypogastriques, intercostales, etc., viennent se terminer dans le rein. Les vertébrés mammifères seuls n'avaient point de veines portes dans cet organe. Celles que nous venons d'étudier montrent que la nature n'a point abandonné sa tradition dans l'économie du rein des mammifères. Jusqu'à ce jour, il est vrai, les veines portes connues naissaient en dehors des organes, apportant ainsi du sang étranger à leur circulation. Mais, en dehors d'un peu plus ou d'un peu moins d'oxygène, suivant qu'il est plus ou moins éloigné du poumon, le sang des artères est le même partout, et celui de l'artère rénale convient aussi bien pour alimenter une circulation portale que celui des artères des membres ou de la queue, employé jusqu'ici par la nature. Dans les mammifères, elle emprunte à l'artère rénale le sang des veines portes de leurs reins, constitue ainsi l'indépendance de leur fonction vis-à-vis des autres parties du corps ; et ce qui, au premier abord, pouvait paraître une singularité, devient au contraire une amélioration. C'est en effet par la spécialisation de plus en plus entière des organes que le progrès s'accomplit dans toutes les branches de l'animalité; c'est par la spécialisation complète du rein des mammifères que leur appareil urinaire est mis au niveau des autres progrès réalisés dans ces vertébrés. Ces rapprochements ne pouvaient être indifférents pour nous, car les conclusions de notre étude rentrent ainsi dans le plan organogénique du rein de tous les vertébrés, puisent dans cet accord une garantie de plus, et font disparaître dans l'œuvre de la nature un hiatus resté sans explication.

Mais, si les diverses branches des sciences naturelles concourent tour à tour pour établir une séparation entre les veines portes des reins et les véritables canalicules urinifères, la disposition anatomique originelle de ces canaux, disposition qui n'avait jamais été vue, rendra cette séparation irrévocable.

Des canalicules de l'urine.

Les canalicules urinifères, ou tubes de Bellini, ne peuvent être bien étudiés qu'à la suite de leur injection. Cette injection, très-difficile à pratiquer, s'il s'agit d'atteindre leurs dernières divisions dans la substance corticale périphérique, n'a jamais été exécutée. Je n'en veux point d'autre preuve que la triple opinion qui règne à ce sujet dans la science. Nous savons déjà ce qu'il faut penser de la plus répandue, qui fait des capsules des corpuscules malpighiens, et de la veine porte qui s'y attache, leur point de départ. Celles qui les font commencer par des anses terminées en cul-de-sac, ou par des arcades anastomosées à convexité périphérique, ne sont pas mieux fondées.

Les méthodes d'injection sont assez nombreuses, mais cette richesse n'est qu'apparente. Celle de M. Cayla, qui est la plus simple, n'a jamais dépassé la base des pyramides de Malpighi, ni entre mes mains, ni entre celles d'un des meilleurs anatomistes de l'école de Paris; elle est d'ailleurs dangereuse pour les causes d'erreurs qu'elle peut déterminer. Pendant les pressions latérales qu'on exécute alors sur le rein pour faire pénétrer dans les tubes urinifères le liquide introduit dans le bassinet, il se fait très-souvent des ruptures sur quelques-uns des points d'attache de cet entonnoir. Les liquides pressés entrent dans les veines, et ces vaisseaux, descendant au milieu de la substance médullaire, y mêlent leurs rameaux rectilignes avec les tubes également rectilignes qui montent des papilles. Les uns et les autres sont remplis de la même injection, et il naît de là une confusion très-pénible. Dans la substance corticale, le liquide entré dans les veines pénètre dans les veines contournées, et même dans les corpuscules, par les communications si faciles des veines avec les artères, d'où une grave cause d'erreur. Les pressions exercées sur la substance du rein pour faire cheminer l'air dans les canaux, suivant la méthode de Schumlansky, ont pu également provoquer des méprises, et toute manœuvre sur les reins doit être évitée pendant leur injection.

Pour injecter les canalicules urinifères, j'ai eu recours à un procédé nouveau. J'incise le rein le long de son hile, j'ouvre largement le bassinet, et je mets à nu les papilles rénales ; je prends alors une petite canule, et j'introduis dans sa petite extrémité le bout d'une fine seringue remplie de la dissolution alcoolique de poix. Plaçant alors le gros bout de la canule sur les ouvertures papillaires, j'appuie modérément, et je pousse l'injection. Les ouvertures comprises dans l'aire de la canule s'injectent plus ou moins bien. On réussit assez rarement à faire pénétrer l'injection jusqu'à la périphérie de l'organe et à remplir les arborisations initiales des tubes de Bellini dans cette région ; mais, enfin, l'on peut réussir, et l'on peut arriver surtout plus aisément à remplir ces arborisations sur des points moins élevés que la périphérie rénale et sur des tubes qui ne montent pas aussi haut dans le rein. J'engage les anatomistes à se servir, pour ces injections, des reins du mouton, comme je l'ai fait moi-même. Outre qu'il est très-facile de les avoir sous la main en quantité suffisante, les papilles sur cet animal sont coalescentes et forment une crête longitudinale sur laquelle les ouvertures des tubes de Bellini sont béantes. La principale difficulté de cette injection consiste dans le maintien, pendant la durée de l'injection, du parallélisme entre la direction de ces ouvertures et celle du jet injecté. La pression qu'il faut exécuter sur les papilles, afin d'empêcher la fuite de l'injection, dérange trop souvent la direction de ces ouvertures. Si l'injection n'a pas réussi sur un point de la crête papillaire, on peut l'essayer sur un autre point. Dans cette méthode, le bassinet étant largement ouvert, il ne peut y avoir de pression sur ses points d'attache, ni sur une partie quelconque des reins autre que les ouvertures comprises dans le point circonscrit par la canule. Les résultats obtenus peuvent donc être sûrement rapportés à l'injection des tubes qui s'y terminent. Il faut conserver es reins dont les canalicules urinifères ont été injectés dans une faible solution de sel marin, et éviter tout ce qui pourrait les rendre opaques, en troublant la transparence de la globuline contenue dans les veines contournées ou droites. Cette opacité du tissu rénal troublerait la vue des arborisations ultimes des canaux urinifères.

Des ouvertures papillaires.

Il y a deux opinions différentes sur l'ouverture des tubes de Bellini. Les uns font aboutir ces canaux directement au pertuis papillaire, tandis que Ferrein et M. Sappey les font terminer à une fossette à parois cribriformes. Il n'en est rien, du moins sur le mouton, et ce crible, s'il existait ailleurs, me paraîtrait mal fait pour faciliter la sortie des desquamations épithéliales si abondantes quelquefois dans ces tubes, ou l'excrétion des poudres uriques que les reins forment dans certains cas. Pour voir convenablement les ouvertures papillaires, il faut les regarder par leur surface profonde.

Préparation. — On ouvre le bassinet et l'on divise le rein par une incision longitudinale qui partage les papilles en deux portions ; sur l'une de ces moitiés de l'organe, on enlève avec les aiguilles des tranches minces de la substance médullaire, par lacération, à une petite distance des ouvertures. Au point de contact avec la membrane muqueuse papillaire, ces tubes, moins résistants que cette membrane, se déchirent, et, après un certain nombre de lacérations, on a un lambeau de muqueuse percée par les ouvertures des tubes. On le détache avec un ciseau, et l'on voit des ouvertures larges, arrondies, libres, avec des trajets canaliculaires plus ou moins longs, et sur lesquels on n'aperçoit aucune membrane criblée (fig. 27).

Des canalicules urinifères dans la substance médullaire et corticale du rein.

La substance médullaire du rein offre deux régions distinctes : la région des papilles et celle de la voûte. Bien que cette distinction n'ait point été faite, elle n'en est pas moins réelle. Une ligne de démarcation à convexité périphérique, ligne visible à l'œil nu, ligne que les peintres exacts observent d'eux-mêmes, et qui est surtout manifeste dans les reins qui ont macéré dans les liquides coagulants, dans l'acide arsénique, par exemple. sépare en deux portions la substance médullaire.

La portion papillaire est presque uniquement composée des canaux de l'urine. Je dis presque, car je ne pourrais point affirmer que quelque veine porte médullaire ne s'y prolonge pas. Dans tous les cas, elles y sont rares, car les tranches de cette région, vidées par la pression entre deux lames de verre du sang de leurs vaisseaux, et traitées par des liquides coagulants, offrent leurs tubes transparents, au lieu de les montrer opaques. Dans la région de la voûte où ces veines sont très-abondantes, ces tranches deviennent obscures au contraire par la réaction de ces liquides sur la globuline qu'elles renferment.

Dans cette partie papillaire essentiellement excrétoire, les tubes de l'urine sont coalescents, c'est-à-dire que leurs parois, entre lesquelles serpentent encore les dernières extrémités des vaisseaux, sont adhérentes les unes aux autres. Je ne puis, en effet, expliquer les faits suivants que par cette coalescence. Lorsque ces tubes sont bien injectés comme dans la figure 28, si l'on déchire sous le microscope et dans une goutte d'eau la substance médullaire dans le sens de la direction des tubes, on n'obtient jamais un tube entier avec ses parois libres et sa cavité pleine d'injection. Les parois tubulaires se déchirent, et les bâtonnets d'injection solidifiée qu'elles contenaient tombent et flottent en liberté dans l'eau (fig. 29).

A mesure qu'ils s'élèvent dans la substance médullaire, les tubes de l'urine se séparent, et dans la région de la voûte des veines portes abondantes se mêlent à eux. Les plus volumineux parmi ces tubes, ceux qui s'élèveront dans la région corticale, se groupent en faisceaux ascendants (fig. 30). Sur le parcours, les uns arrivent à la fin de leur trajet et s'arborisent, les autres atteignent la périphérie, et après des arcades contournées à convexité externe, ils s'arborisent à leur tour.

Ferrein avait entrevu et fait dessiner des divisions décroissantes des tubes de l'urine et se partageant en ramifications ascendantes et descendantes entre des tubes plus gros. Mais soit que ces exemples fussent mal choisis ou trop rares pour l'être mieux, ces ramifications furent prises pour des arborisations vasculaires. Les travaux de cet anatomiste français sur le rein sont entachés sans doute d'erreurs, mais ils doivent cependant être mis encore à la tête de tous les travaux qui ont été entrepris sur ce difficile problème par les savants les plus distingués de tous les pays, depuis Bérenger de Carpi jusqu'à Bowman.

Instruit par les objections faites aux recherches de Ferrein, j'ai dû choisir les tubes injectés, de manière qu'il n'y eût entre eux et des vaisseaux aucune ressemblance. Personne ne voudra confondre avec eux les tubes gros et petits de la substance médullaire, et leurs terminaisons en ampoules cellulaires représentées dans la figure 31. Personne ne voudra davantage prendre pour des vaisseaux les arborisations ultimes des canaux corticaux de l'urine reproduits dans les figures 32 et 33.

En résumé, le rein offre, entre ses artères et ses veines, les arborisations frondescentes de ses tubes urinifères. Cette disposition fait rentrer ces canaux dans le plan organogénique des canaux excréteurs des autres glandes, plan dont ils s'éloignaient si exceptionnellement. Pour les tubes de l'urine comme pour les veines portes du rein, l'axiome de Linné reste vrai : *Natura non facit saltum.*

Des pyramides rénales.

On donne le nom de pyramide rénale au tissu du rein qui, dans la substance corticale, est compris dans l'espace qui sépare les artères radiées et les troncs veineux interpyramidaux et dans la substance médullaire entre les faisceaux des artères et des veines droites. Ces deux portions d'une même pyramide offrent à leur point d'intersection, les vaisseaux de la voûte, et leur continuité n'est représentée souvent que par le faisceau ascendant des tubes urinifères. Pour faciliter l'intelligence de la composition d'une pyramide et le mode du groupement respectif de ses éléments composants, je mets sous les yeux une figure idéale et incomplète d'un de ces fascicules rénaux. Les artères sont rouges, les veines bleues, les veines portes incolores et les tubes urinifères jaunes (fig. 34).

Dans la substance corticale, les artères radiées envoient leurs branches chargées de corpuscules, et de ceux-ci partent dans l'épaisseur de la pyramide les artères sortantes contournées ou droites. De leur côté les troncules veineux interpyramidaux ou droits reçoivent les branches des réseaux veineux venus de tous les points du lobule rénal. C'est entre ces arborisations que les veines portes développent leurs calibres contournés ou se groupent en faisceaux droits, appendues par leurs racines artérielles et veineuses aux réseaux sanguins. C'est entre tous ces vaisseaux que s'élèvent les cana'icules arborisés de l'urine.

Les veines contournées ont un de leurs bouts fixé à la surface des corpuscules ; elles se plient et replient en contours rapprochés. Sur leurs trajets, elles offrent des étranglements de leur calibre (fig. 35). Il semble même souvent qu'une veine finit et qu'une autre commence, les deux bouts étant accolés sous un angle très-aigu (fig. 36) ; mais si le fait est difficile à démontrer pour les veines contournées, il est apparent pour les veines droites. Celles-ci, dont leurs extrémités sont souvent très-déliées (fig. 37), accolent ces extrémités sur certains points où se distribuent des touffes de vaisseaux (fig. 38) : cette disposition est particulièrement reconnaissable vers l'extrémité corticale des pyramides. Ces veines portes droites corticales offrent encore une particularité digne d'attention. Elles sont extensibles et rétractiles, c'est-à-dire élastiques. Prises sous les aiguilles à dissection, placées à distance sur leur trajet, elles se laissent allonger, et reviennent à leur longueur primitive quand on les abandonne à elles-mêmes.

Entre ces veines portes du centre des pyramides, on rencontre sur les reins injectés des tubes droits qui n'ont pas reçu d'injection. Ces tubes, moins volumineux que les veines voisines et qui présentent dans leur intérieur un épithénum granulaire, sont des tubes urinifères. Mais leur fragilité et l'absence d'injection ne permettent pas d'étudier leurs dispositions, au milieu des vaisseaux de tout ordre injectés. Nous n'avons plus d'ailleurs maintenant à faire cette étude.

Les reins sont formés par la juxtaposition d'un nombre infini de pyramides rattachées entre elles par les vaisseaux que les artères radiées et les veines interpyramidales leur envoient. En connaissant la composition d'un de ces lobules rénaux, on connaît donc celle du rein lui-même.

DEUXIÈME PARTIE

PHYSIOLOGIE.

De la sécrétion des urines dans les animaux vertébrés mammifères.

Je donne à la formation de l'urine le nom de sécrétion urinaire, malgré des opinions graves et formulées d'hier. J'ai le malheur, dans ce travail, d'être en désaccord permanent avec les idées reçues. J'ai dû cependant obéir aux faits, souverains maîtres de nos jugements.

Il y a deux doctrines sur la formation de l'urine. Pour les uns, et ils sont les moins nombreux de jour en jour, les corpuscules de Malpighi renferment une substance glandulaire, substance qui prépare les principes urinaires de toutes pièces aux dépens du sang. Ces principes sont versés dans les cavités des capsules corpusculaires, et de là passent dans les cavités des canalicules urinifères qui les suivent. Ces canalicules ne sont pour la plupart que des conduits vecteurs. Cependant M. Sappey incline à penser que ces conduits jouent un rôle dans la confection de l'urine. Quel est ce rôle? On l'ignore. Les faits anatomiques sont absolument contraires à cette manière de voir. Les glomérules des corpuscules ne contiennent qu'une artère qui se décompose et se recompose dans leur intérieur. Les capsules sont des vésicules closes, et les prétendus tubes urinifères qui s'insèrent sur leur périphérie sont des veines portes. J'abandonne, par conséquent, sans aucune hésitation, la théorie de la préparation de l'urine fondée sur la nature glandulaire des corpuscules malpighiens.

Pour la plus grande partie des auteurs, les principes de l'urine sont formés loin des reins, dans la profondeur des tissus animaux. Ils y sont puisés par les vaisseaux sanguins et circulent avec le sang dans toutes les parties du corps. Les reins, et spécialement les corpuscules malpighiens, placés sur la trajectoire de ce liquide, séparent de lui, par une dialyse exosmotique, les principes de l'urine, ainsi que de l'eau et des sels. C'est le produit de cette séparation qui constitue l'urine. Versée dans la cavité des capsules et passant dans les canalicules urinifères, elle est ensuite conduite hors de l'économie.

Je ne puis accepter davantage cette manière de voir; les glomérules des corpuscules ne sont point des lacis vasculaires dialyseurs, et la capsule et la veine porte qui s'y attache ne sont pas plus les conduits vecteurs d'un produit dialytique que d'un produit glandulaire. Je ne puis admettre que le rein soit absolument étranger à la préparation des matériaux de l'urine. La destruction des globules sanguins dans les veines portes, la métamorphose complète de leur hématosine, le retour à l'économie de leur globuline, ont une signification précise, et ces actes accomplis dans le rein ne me permettent pas de ranger l'action de cet organe dans l'ordre des fonctions purement excrétoires.

Quant à la formation des principes urinaires dans la profondeur des tissus animaux et à leur absorption par les vaisseaux sanguins, aucun fait, que je sache, ne démontre cette provenance. Des principes urinaires existent en circulation dans le sang. Personne ne le conteste. Mais tout porte à croire que ces principes apparaissent dans les vaisseaux et au sein même du sang qu'ils renferment. Cette apparition doit être rattachée à un ordre de phénomènes circulatoires physiques d'abord, chimiques ensuite, phénomènes très-généraux, très-naturels, et dont l'apparition de l'acide carbonique dans le sang veineux est le type.

Lorsque le sang des artères, comprimé par l'action intermittente du cœur et par l'action constante de ces vaisseaux, entre dans les capillaires veineux, il y perd subitement une partie de la pression qu'il supportait, et se ralentit. Cette diminution de la pression et ce ralentissement ouvrent la scène des combustions respiratoires. L'oxygène transporté par les globules, et mal fixé par eux, se dégage à l'état naissant, l'hématosine des globules perd sa rutilance, et le sang devient veineux. Il s'est produit des oxydations dont le résultat le plus manifeste est de l'acide carbonique. Il y a entre la diminution de la pression du sang, son ralentissement, le dégagement de l'oxygène et les combustions qui s'ensuivent, une telle liaison, que si les premiers faits manquent, les oxydations n'ont pas lieu. En effet, lorsque, dans les capillaires, des passages artérioso-veineux naturellement larges, ou rendus tels par l'action momentanée des nerfs vaso-moteurs, laissent subsister la pression du sang jusque dans les veines, ce liquide, qui n'a point été sensiblement ralenti, ne devient point veineux et conserve sa rutilance, témoignage de la présence de l'oxygène dans ses globules sanguins.

Mais la vénosité et la production de l'acide carbonique ne sont pas les seuls résultats possibles de la diminution de la pression du sang, de son ralentissement et des combustions qui le suivent. Suivant que le ralentissement sera plus ou moins grand, suivant la quantité de ses globubes oxydants, suivant leur richesse en oxygène, les produits pourront varier. C'est dans cet ordre d'idées que les sécrétions diverses, encore aujourd'hui si obscures, devront être étudiées.

Nulle circulation du sang connue ne réunit, comme celle du rein, les conditions physiques de ralentissement et d'absence de pression de ce liquide. Voyons d'abord comment ces conditions spéciales au sang rénal rendent compte de la séparation des liquides dissolvants des principes urinaires, et ensuite de la formation et de la séparation de ces principes eux-mêmes. Nous rechercherons après si des actes analogues s'exécutent ailleurs que dans le rein.

Suivons pas à pas la marche du sang rénal dans son système artériel si particulièrement constitué. Des artères émulgentes, il passe dans leurs grosses divisions et dans le grand réseau général de la voûte du rein. De là il entre dans les artères radiées, dans leurs rameaux et dans le réseau partiel et circonscrit qui forme chaque glomérule des corpuscules. Si nous développons en esprit les branchages de chacun de ces innombrables glomérules, nous trouverons un second réseau artériel plus considérable et plus serré que celui de la voûte. De ce second réseau, le sang suit les artères sortantes des corpuscules. Celles-ci se divisent à leur tour, et constituent,

par leur ensemble, un troisième réseau artériel plus
étendu que les premiers, car il occupe toute l'épaisseur
de la substance corticale, plus pressé qu'eux, car nulle
artère n'offre dans ses dernières divisions l'inextricable
lacis dont nous avons vu la représentation dans une de
ses branches. Voilà donc une même artère, l'artère émulgente, offrant sur son trajet trois réseaux successifs et de
plus en plus compliqués. Voici un courant sanguin con-
traint de traverser, avant d'atteindre la fin de sa course
artérielle, trois surfaces où se développent les voies les
plus tortueuses, les mieux entremêlées, les mieux faites
pour ralentir son cours. Mais si une difficulté dans la circulation d'un membre suffit pour y déterminer un épan-
chement de sérosité, qui ne voit à l'instant combien ces
réseaux, avec leurs branches repliées sans cesse, anastomosées à l'infini, sont bien disposés pour produire une
transsudation incessante de liquides séreux à travers leurs
parois.

Si l'on réfléchit ensuite que la totalité du sang passe
toutes les heures dans ces organes relativement si petits,
on aura une idée de la pression qui existe sur ces parois.
Si l'on se souvient enfin de l'influence que la tension vasculaire exerce sur l'abondance des urines à la suite de
boissons copieuses, par exemple, on rapportera le départ
des liquides de l'urine à la tension produite par un afflux
si exceptionnel du sang dans les réseaux si exceptionnels
des artères du rein. L'étendue des surfaces exsudantes est
mieux en rapport avec la quantité des liquides transsudés
que celle des glomérules d'où la doctrine actuelle fait
provenir tous les produits urinaires. Ajoutons à ce départ
de l'eau des urines celui qui peut se faire à travers les
parois des veines dérivatives, bien que l'anatomie nous

apprenne que ces veines sont plus directes que les artères, et que le sang les traverse facilement et avec sa rutilance primitive.

Mais si le sang rénal dans son trajet préportal exerce sur ses vaisseaux une vive tension, soit à cause de son abondance, soit à cause de l'irrégularité de leurs formes, cette tension nécessaire jusque-là disparaît avec le trop-plein emporté par les veines dérivatives. Une finalité nouvelle s'ouvre pour le sang qui s'engage dans la section portale de la circulation du rein, et cette finalité demande des instruments nouveaux.

Des réseaux des artères sortantes des corpuscules, le sang entre dans les veines portes. Jusque-là ce liquide, ralenti dans son cours, avait pourtant conservé la pression constante des artères où il progressait. Mais alors il entre dans un milieu nouveau, milieu veineux où il perd brusquement cette pression constante, milieu plus large où il se ralentit encore, milieu où il n'a plus enfin de cours réel, à cause de la disposition entremêlée des racines artérielles et veineuses sur tout le trajet du canal. Ces conditions sans analogues produisent des résultats sans analogues aussi. Les oxydations trouvent un milieu favorable dans un sang aussi particulièrement ralenti. Les globules se décomposent, leur globuline est mise en liberté et leur hématosine disparaît.

Cette disparition de l'hématosine du sang dans les veines portes du rein jette une vive lumière sur la formation des principes azotés de l'urine. Les éléments protéiques du corps des animaux sont regardés comme fournissant aux combustions respiratoires les matériaux de l'urée, de l'acide urique, etc., etc. Mais on ignorait quel était l'élément protéique brûlé. Était-ce l'albumine ?

était-ce la fibrine, ou tout autre? La destruction de l'hématosine fixe particulièrement ce point de chimie vivante, et cette substance doit être regardée comme donnant naissance par ses transmutations aux principes urinaires. Formée de carbone, d'hydrogène, d'azote et d'oxygène, elle peut, en fixant une quantité de plus en plus grande de l'oxygène abandonné par les globules sanguins détruits, constituer la série des composés de l'urine de plus en plus oxydés, depuis l'hypoxanthine jusqu'à l'urée. Les matières colorantes de l'urine sont le complément de ces métamorphoses. Le principe colorant jaune de l'urine est un dérivé de l'hématosine suivant F. Simons, et l'urohématine du principe colorant rouge contient du fer comme l'hématosine, d'après M. Harley.

Mais si la destruction de l'hématosine dans les veines portes éclaire les actes chimiques qui produisent les matériaux de l'urine, elle nous montre également quel est le point de l'économie animale où ils apparaissent. Ce n'est pas dans la profondeur des tissus, et sous l'influence des actes nutritifs encore si obscurs, que ces matériaux prennent naissance. C'est à la suite de phénomènes circulatoires plus évidents qu'ils se développent dans le sang portal du rein. Les conditions de ralentissement et d'absence de pression si remarquables dans ce sang sont la phase préparatoire du dégagement de l'oxygène de ses globules et de la phase chimique qui suit ce dégagement. Mais si cet enchaînement de causes physiques et chimiques est évident pour le rein, l'est-il aussi complétement pour les autres parties du corps et pour ces principes urinaires que MM. Dumas et Prévost ont démontrés dans le sang des animaux néphrotomisés, et qu'on trouve toujours en circulation dans le sang? De fortes présomptions plaident au moins pour cette manière de voir.

Lorsque dans une vive attaque de goutte, il se produit de l'acide urique, ce principe urinaire apparaît dans des vaisseaux où le sang est ralenti par l'inflammation, et dans lequel la richesse en globules, c'est-à-dire en éléments oxydants, est spécifique. Ce principe dialysé par les parois vasculaires se dépose dans les tissus en concrétions tophacées d'urate de soude. Lorsqu'à la suite de l'urémie, du carbonate d'ammoniaque se dégage sur les surfaces digestives, on est d'accord pour l'attribuer à la décomposition de l'urée par les matières en fermentation dans le canal alimentaire. Je ferai remarquer ici que ce principe urinaire apparaît sur le trajet d'un sang portal, c'est-à-dire d'un sang encore très-ralenti, et qu'il est dialysé par les parois de veines portes. Lorsqu'on trouve dans la rate de la guanine, cet autre principe urinaire se montre de nouveau sur le trajet d'une circulation portale, c'est-à-dire toujours ralentie. J'ajouterai qu'on rencontre dans la rate des globules blancs ainsi que des cristaux d'hématine, c'est-à-dire que la rate peut, à un moment donné, accomplir dans sa circulation portale la décoloration des globules sanguins, l'isolement de leur hématosine, la formation d'un principe urinaire ; en un mot, un ensemble d'actes très-rapprochés de ceux que nous avons trouvés dans la circulation portale du rein.

N'est-ce point maintenant l'hématosine qui est en jeu dans ces productions extra-rénales de principes urinaires ?

Cet élément protéique paraît plus particulièrement que tout autre en rapport d'affinité avec l'oxygène. C'est lui qui devient rutilant quand ce gaz est fixé dans le poumon ; c'est lui qui brunit quand une partie de ce gaz est

dégagée dans le ralentissement qui suit l'entrée du sang
artériel dans les capillaires veineux généraux ; c'est lui
qui est brûlé en entier dans le ralentissement si remar-
quable du sang artériel dans les veines portes du rein.
S'il fallait trouver un complément aux transmutations de
l'hématosine en principes urinaires dans la circulation
générale, ne pourrait-on pas le voir dans la mélanine,
dans la biliverdine, principes colorants renfermant du
fer dans des proportions presque identiques avec celles
de l'hémastosine, et qui seraient, pour ces principes
urinaires extra-rénaux, ce que les principes colorants
ferreux de l'urine sont aux matériaux urinaires formés
dans le rein.

En résumé, des principes de l'urine se forment dans
tous les vaisseaux sanguins, probablement sous certaines
conditions de diminution de pression et de ralentissement
dans la marche de ce liquide et par l'oxydation de son hématosine. Mais les principes urinaires se forment surtout dans les vaisseaux portaux du rein, où ces conditions
de circulation sont spécialement réalisées, par la destruction des globules sanguins, l'oxydation complète de leur
hématosine et le retour de leur globuline dans la circulation générale.

Les matériaux de l'urine charriés par le sang qui pénètre dans les veines portes rénales, et ceux produits à
ses dépens dans ces veines, sont séparés par un acte chimique dépendant des propriétés des membranes organiques qui forment leurs parois. En effet, les membranes
organiques déterminent le départ de certains principes
dissous dans les liquides qui baignent une de leurs surfaces, c'est-à-dire qu'elles font un choix dans ces dissolutions. M. Graham, à qui on doit les recherches relatives

à ces phénomènes destinés à jouer un grand rôle dans l'histoire des sécrétions animales, appelle ces phéno-mènes des dialyses. C'est à une dialyse exosmotique qu'il faut rapporter la séparation des matériaux de l'urine du sang avec lequel ils sont mélangés, et leur sortie hors de ces veines dans les interstices des vaisseaux, où ils sont dilués par la sérosité plus ou moins abondante qui transsude de leurs parois.

De l'excrétion des urines.

Les tubes urinifères développent leurs arborisations entre les vaisseaux sanguins de tout ordre qui consti-tuent la trame réticulée des reins, et leurs divisions ul-times et sans issue baignent dans la sérosité interstitielle dans laquelle les principes urinaires ont été répandus. Une dialyse inverse de la première, c'est-à-dire endos-motique, accomplie par les parois membraneuses de ces canaux urinifères, fait à son tour un choix dans cette sérosité. Les matériaux de l'urine y sont puisés dé-finitivement : ce sont de l'eau, des sels du sang qu'elle renfermait, et enfin les composés chimiques de l'urine qu'elle a reçus par exosmose. Le résidu albumineux de cette sérosité rentre, comme toutes les sérosités, dans la circulation générale.

Mais les tubes urinifères ont des directions très-va-riées : les uns marchent de droite à gauche, les autres de gauche à droite ; d'autres descendent ou montent per-pendiculairement ; d'autres, enfin, ont toutes les direc-tions possibles entre celles-là. Ils forment, en effet, par leur ensemble, un grand éventail dont le sommet est aux papilles, et dont les rayons aboutissent à tous les points de la surface extérieure du rein. Comment l'urine peut-elle venir sourdre aux papilles par des trajets si divers? Par l'élasticité de la substance corticale, élasticité qu'elle doit aux veines portes droites de chaque pyramide. Pour apprécier à sa valeur l'élasticité de la substance corticale, il faut injecter de l'air par l'artère rénale, et sur-le-champ inciser le rein en deux portions.

Avant que l'incision soit terminée, tout le fluide aérien a déjà été chassé de la substance corticale. Il n'en est pas de même dans la partie médullaire du rein, et cette région semble alors composée de canaux brillants remplis encore par l'air injecté. Ces expériences sont très-nettes dans leurs résultats. La substance corticale coiffe dans tous les sens le cône formé par la substance médullaire des reins, et dans sa réaction élastique fait converger vers ses canaux rectilignes l'urine recueillie dans toute la périphérie de l'organe. L'élasticité corticale est mise en jeu par le trop-plein du système circulatoire, et l'action excentrique de l'afflux sanguin provoque la réaction concentrique et expulsive du tissu cortical.

Je ne terminerai pas ce travail sans appeler un instant l'attention sur la nature des forces qui concourent aux fonctions rénales. Ces forces sont de l'ordre physique et chimique. L'action nerveuse paraît avoir une influence très-bornée sur la sécrétion du rein, et lorsqu'elle est interrompue lentement à la suite de la destruction des nerfs rénaux, cette interruption est due à un développement morbide dans le tissu de l'organe. La sécrétion du rein débute par des actes mécaniques : le ralentissement du sang dans la section préportale de sa circulation, la fin de la pression artérielle supportée par le sang, et le dégagement de son oxygène dans les veines portes.

A ces actes physiques succèdent les oxydations plus ou moins complètes qui métamorphosent son hématosine.

L'excrétion des urines commence au contraire par des actes chimiques et finit par des actes mécaniques. Ce sont, d'une part, les dialyses exosmotiques et endosmotiques, et de l'autre les actions et les réactions élastiques de la substance corticale.

L'apparition des principes de l'urine n'est point entourée des ombres qui enveloppent trop souvent encore les actes primordiaux de la matière organisée. Nous ne sommes point ici en présence des forces vitales, essences inconnues auxquelles des théories prématurées doivent faire appel. La physique et la chimie suffisent pour expliquer tous les phénomènes. L'urée formée dans le rein ne diffère pas de celle qui s'engendre dans le ballon du chimiste. Toutes les deux ont obéi aux mêmes affinités créatrices, et la célèbre expérience de Wölher ouvrit la série des composés organiques artificiels si élargie depuis par M. Berthelot.

Il n'est pas sans intérêt de voir un des principaux organes de l'économie animale, celui qui rend particulièrement à la matière brute la partie de cette matière qui fut engagée pour un temps dans le cercle de la vie, accomplir ses fonctions par une succession subordonnée d'actes physiques et chimiques.

FIN.

TABLE DES MATIÈRES

PARIS. — Imprimerie de E. MARTINET, rue Mignon, 2.

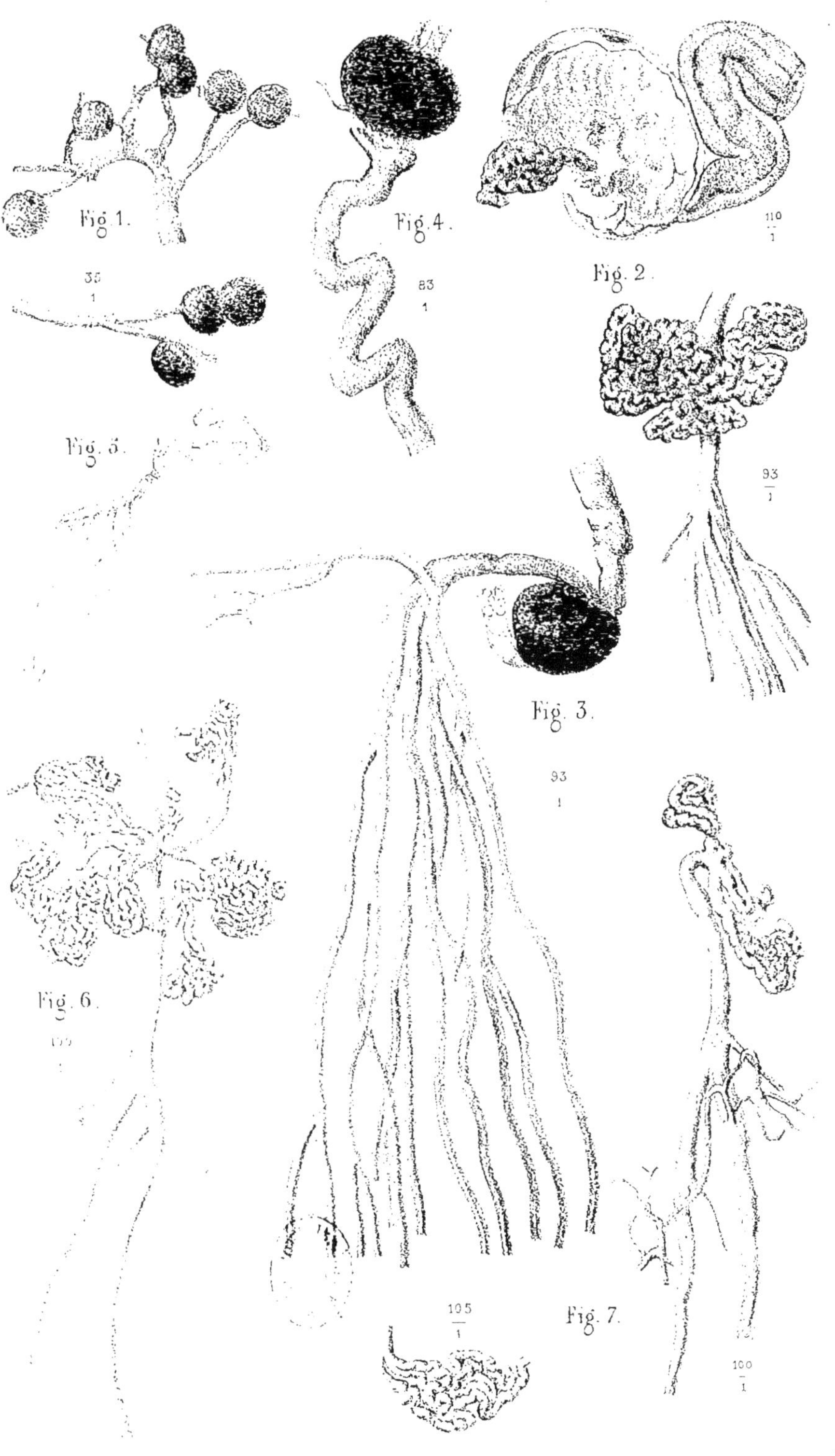

PL . I.
Fig.1.
35
1
Fig.4.
83
1
110
1
Fig. 2.
Fig. 5.
93
1
Fig. 3.
93
1
Fig. 6.
Fig. 7.
105
1
100
1
P. Lackerbauer ad nat del

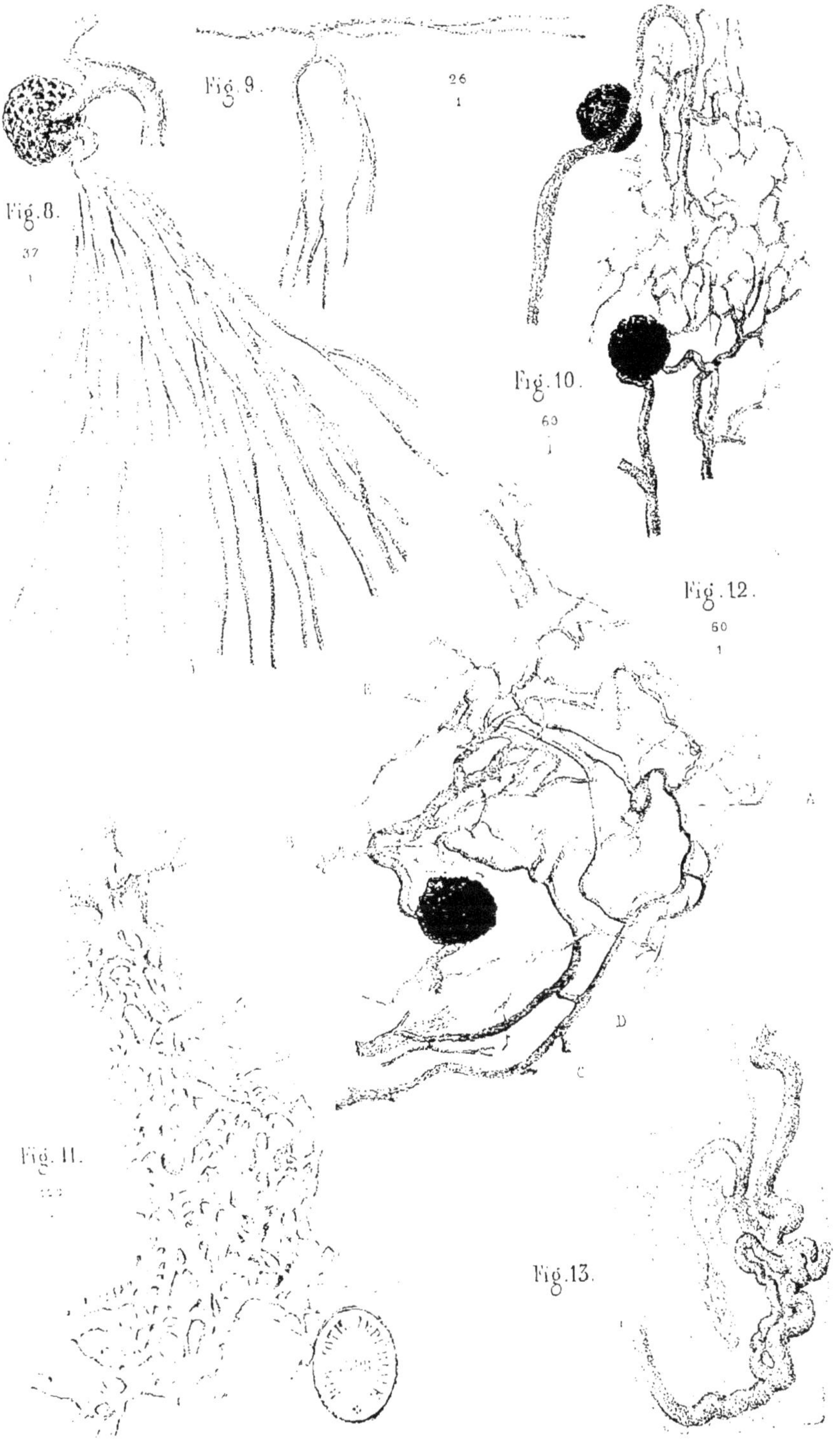

Fig. 9.

Fig. 8.

Fig. 10.

Fig. 12.

Fig. 11.

Fig. 13.

Imp. Becquet, Paris

P. Lackerbauer ad nat. del.

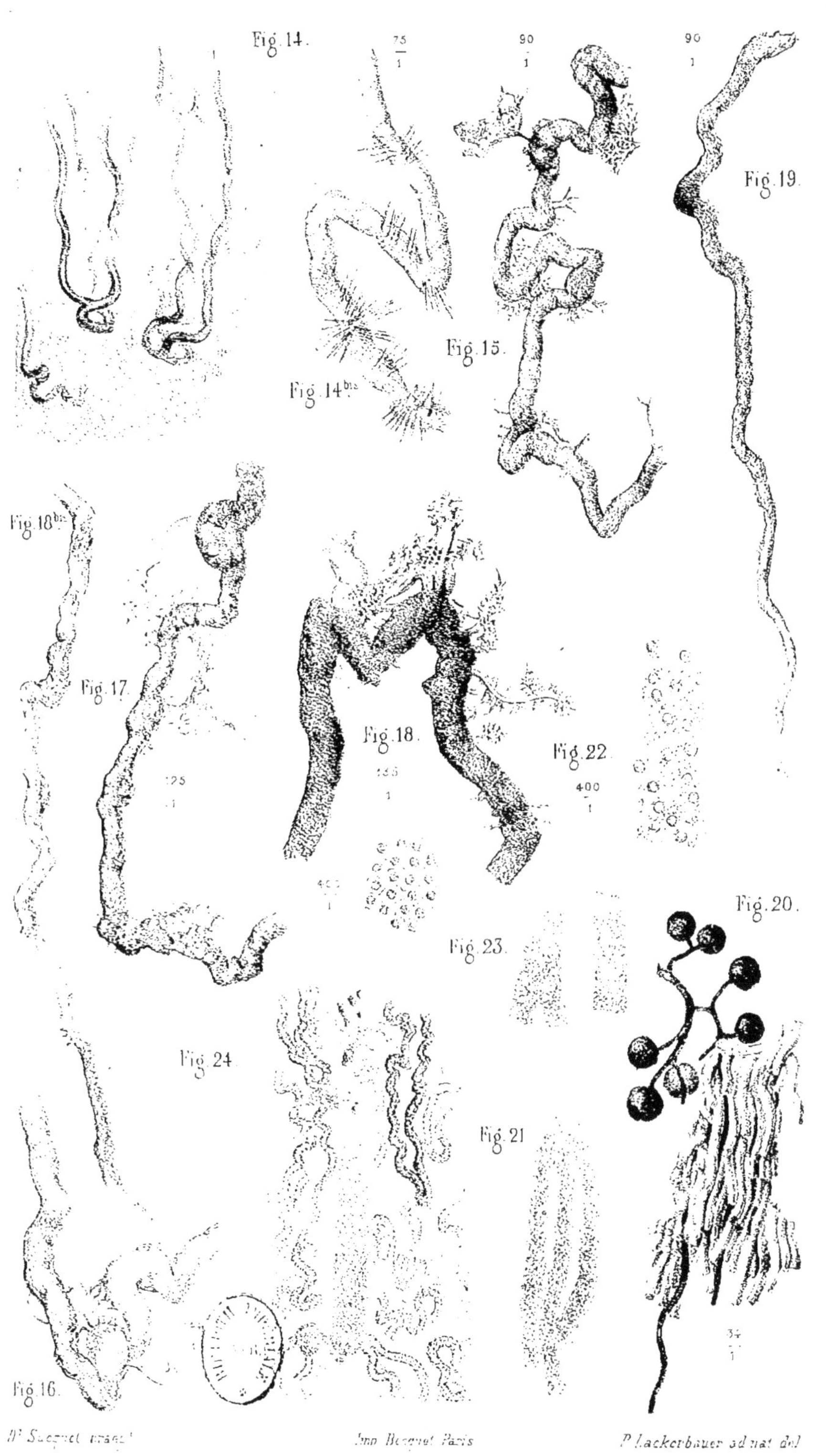
Fig.14.
Fig.14bis
Fig.15.
Fig.19.
Fig.18bis
Fig.17.
Fig.18.
Fig.22.
Fig.23.
Fig.20.
Fig.24.
Fig.21.
Fig.16.

Dr Saequet direx.t
Imp Becquet Paris
P. Lackerbauer ad nat del.

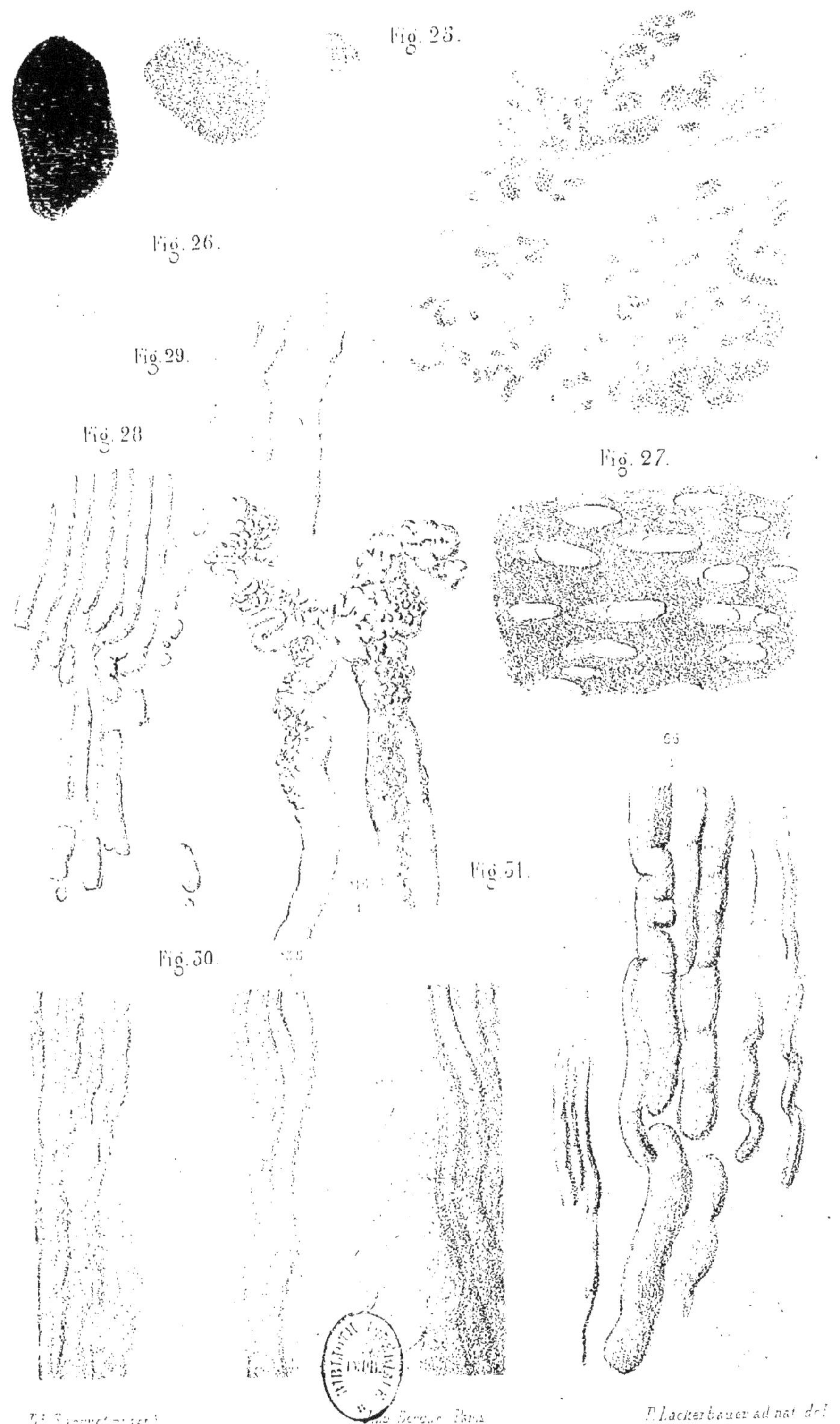

Fig. 25.

Fig. 26.

Fig. 29.

Fig. 28.

Fig. 27.

Fig. 31.

Fig. 30.

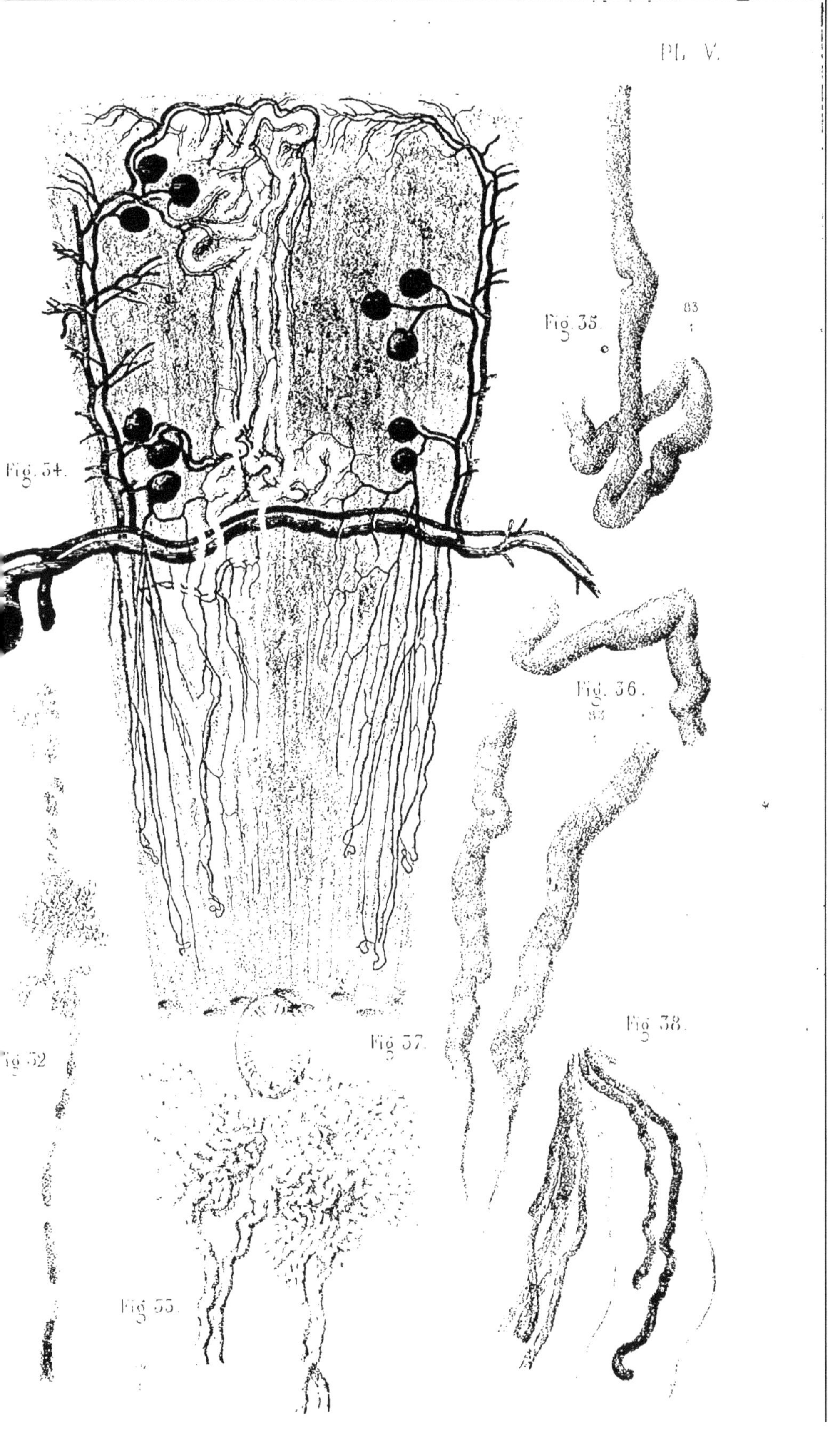

Pl. V.
Fig. 35.
83
Fig. 34.
Fig. 36.
83
Fig. 38.
Fig. 37.
Fig. 32
Fig. 33.